上海科学技术文献出版社
Shanghai Scientific and Technological Literature Press

**图书在版编目（CIP）数据**

稀奇古“怪”/ 李莉著．—上海：上海科学技术文献出版社，2021

（隐藏在自然博物馆里的怪物）

ISBN 978-7-5439-8360-1

Ⅰ．① 稀…　Ⅱ．①李…　Ⅲ．①生物学—普及读物　Ⅳ．① Q-49

中国版本图书馆 CIP 数据核字 (2021) 第 132791 号

---

选题策划：张　树
责任编辑：苏密娅
封面设计：留白文化

---

**稀奇古“怪”**
XI QI GU "GUAI"
李　莉　著
出版发行：上海科学技术文献出版社
地　　址：上海市长乐路 746 号
邮政编码：200040
经　　销：全国新华书店
印　　刷：常熟市华顺印刷有限公司
开　　本：720mm×1000mm　1/16
印　　张：4.75
版　　次：2021 年 8 月第 1 版　2021 年 8 月第 1 次印刷
书　　号：ISBN 978-7-5439-8360-1
定　　价：42.00 元
http://www.sstlp.com

# 史前『第一杀手』

奇虾

奇虾雕塑

寒武纪时期的生命形态

寒武纪时期的生命形态

寒武纪时期，是一个辉煌的充满不解之谜的时期。那时候的海洋里，游弋着、蛰伏着、潜藏着无数神奇的生命，海绵、腕足、节肢、脊索等一系列与现生动物形态基本相同的动物，在那一时期来了一个集体亮相。它们和现生动物所构成的生态系统是否相同呢？科学家曾经在加拿大伯吉斯页岩中发现过背部被撕裂的三叶虫化石。三叶虫坚固的碳酸钙背甲原来是很难被轻易伤害到的，但很多化石证据表明，三叶虫有可能受到过致命伤害。而当时大

多数的物种，都是非常小的，身长都在几厘米范围内。唯独奇虾，最大的奇虾身长可超过1米，头顶有巨大的取食螯足，上有带倒钩的触须，有可以张到25厘米的大口以及轮状的环形外牙板（有的种类还具有内齿），还有像羽翼的桨状游泳肢，这个长相有几分凶残的大家伙，是当时海洋中的顶级猎手，是生态系统中最顶级的一支，连硬得像石头的三叶虫，也有可能受到它的攻击。

奇虾并不擅于在海底行走，更适应快速地在水中游动。其扁平的身体，极便于在海底沙层中隐藏。它的柄状眼会从沙层中探出，窥探猎物。奇虾的柄状眼构造非常精妙。人们曾经在澳大利亚发现过一个距今5.4亿年的残破的奇虾化石，但其眼部保存极其完整，具有完整的眼柄和复眼。是的，奇虾具有

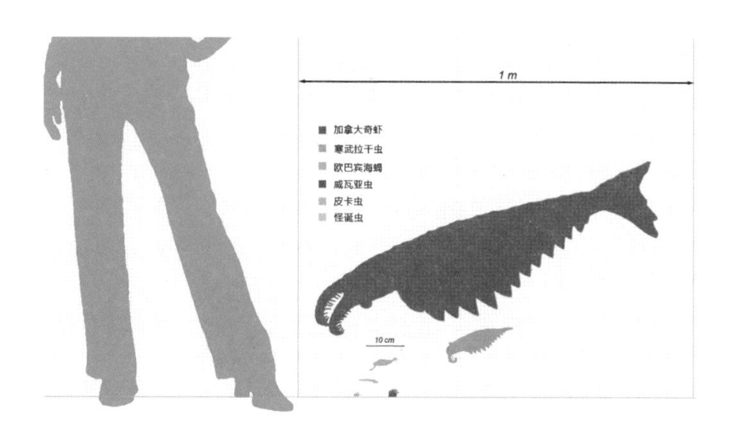


奇虾和其他生物体态的对比

奇虾复原模型

复眼（在现存的节肢动物中，像苍蝇，部分蜻蜓等，它们具有亮晶晶的复眼，这些复眼由几千到几万只小的单眼构成，从而使这些昆虫具有非常宽广而敏锐的视力，用于捕食和逃避敌害）。奇虾在活着的时候，复眼的直径大概3厘米，每个复眼具有16000个小单眼，这是现在苍蝇单眼的5.3倍。这么复杂的身体结构，居然在

5亿多年的海洋里就已经出现了。大家也许觉得惊奇，为什么在那么久远以前，动物就能进化得如此复杂。其实复眼结构并不是个例，很多寒武纪的海洋生命都具有极其复杂的构造，这种复杂性和现生的很多生物极其相似，而有的生物结构甚至比现生动物构造更加复杂。这些神奇的进化奇迹都是科学家无法解答的难题。

最晚的奇虾曾经在早泥盆世的地层中被发现，所以推断其灭绝时间不会早于4亿年前。作为当时海洋里没有天敌的物种，奇虾因何灭绝，依然是一个难解之谜。

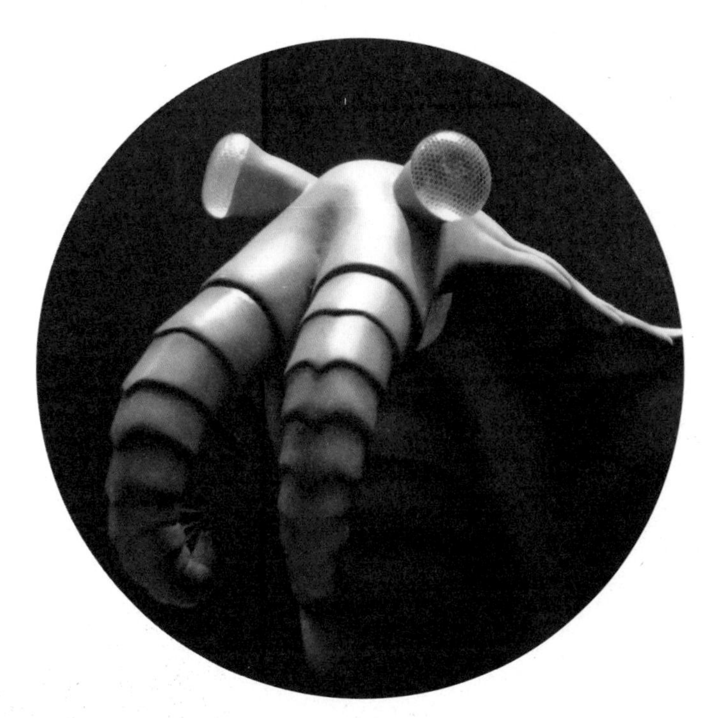

奇虾复眼复原图

奥陶纪景观

# 奥陶纪的魔爪

## 房角石

章鱼

看到奥陶纪海洋的复原场景，你有没有被眼前一片静谧的深蓝色所吸引？在无数晶莹剔透的蓝色展示灯中，两只巨大的房角石模型从半空中横亘而出，棕黄色的大眼睛不知道正瞄向何方。它们不可思议的庞大，让观看的人们叹为观止。而在景观下方就是距今4.7亿年的角石化石，那么平静地安卧在那里，笔直的造型，有规则的环状纹理透出在它光滑的身体表面，就像一把穿越

鹦鹉螺

房角石化石

远古和现代的古老钥匙，揭秘它们曾称霸海洋的辉煌。

房角石最早发现于美国，当时发现的是一些零散的残骸化石，通过这些碎片推断，房角石活着的时候身长可以长达6—9米。它的样子有些像现生动物乌贼和塔螺的混合体。它属于软体动物头足纲，和现生的乌贼、章鱼，都有着比较近的亲缘关系。与腹足纲的在沙底爬行的塔螺关系要远得多。与现存的活化石鹦鹉螺亲缘关系最近，可谓是直壳的鹦鹉螺。

房角石生活在深海中，由于其不断生长的外壳过于沉重，所以主要在海底过着底栖生活。但比起大多数底栖生活的动物来说，它算是个灵活的大胖子。为了便于游泳，它的身体进化成了直型。虽然它有长长的壳，但其软体生活的地方在不大的住室内，随着它不断生长，它的软体外周部分泌壳壁，软体的后部分泌横向的壳壁，这些壳壁就像一排排小隔板，分出了一个个的小房间，被称为气室，一条如虹吸管的肉质索状体管从软体的后方伸出，贯

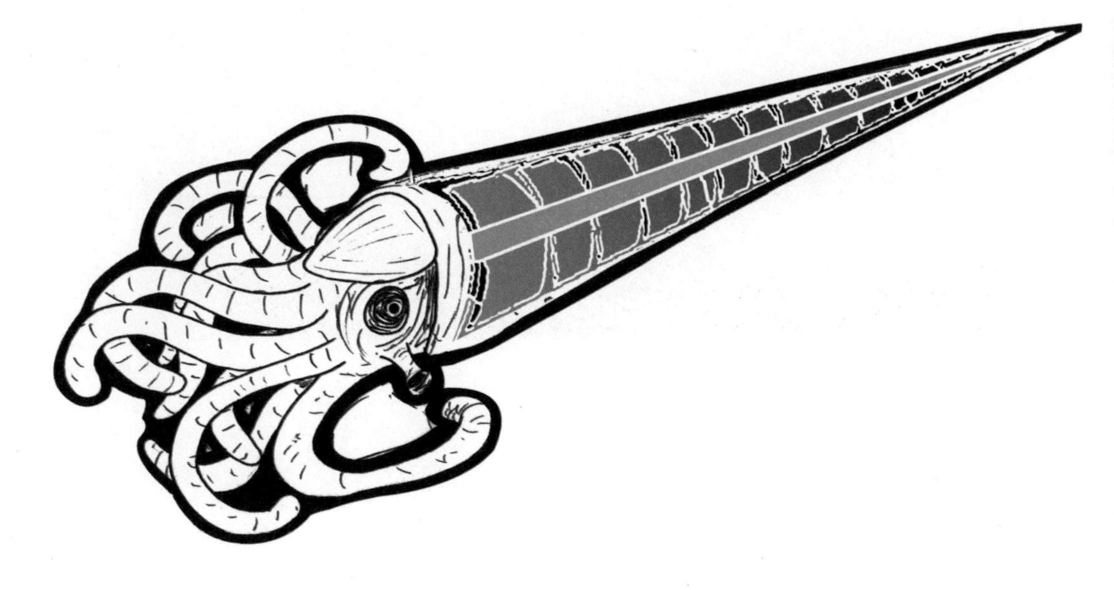

房角石的体内构造

穿这些小房间。体管中有石灰质的沉积物，稳定着它身体的平衡，气室调节着它的上下沉浮，用喷水推进的方法自由运动。之后出现的菊石、鹦鹉螺等物种，游动更加灵活，可以在水中过浮游生活。人类第一艘军用核潜水艇就叫“鹦鹉螺号”，一听这个名字，就知道这是受谁的启发了吧？

大部分时间，房角石都处于潜伏状态，但当它感觉猎物靠近的时候，就会快速喷水发射身体，逼近猎物，用长在脸部中心的几个大而锋利的须“腕”发起进攻。这些“腕”比起现生乌贼、章鱼带有吸盘的柔软触手更加锋利。房角石最终极的武器是喙，它的触手一旦抓住猎物，会迅速放置到喙边，它的喙坚硬无比，可破坏很多动物的甲壳，进而吃它们的内脏。当时称霸海洋的巨型羽翅鲎，经常会成为房角石口中的美食。

奥陶纪时期是头足类动物大发展的时期，因为板块运动、火山的频繁爆发，导致地球上的二氧化碳含量极高，造成温室效应，使海水温度很适应海洋生命的大发展。但随着冷水期的到来，房角石这类大型的生命也最终消失在了历史的长河中。

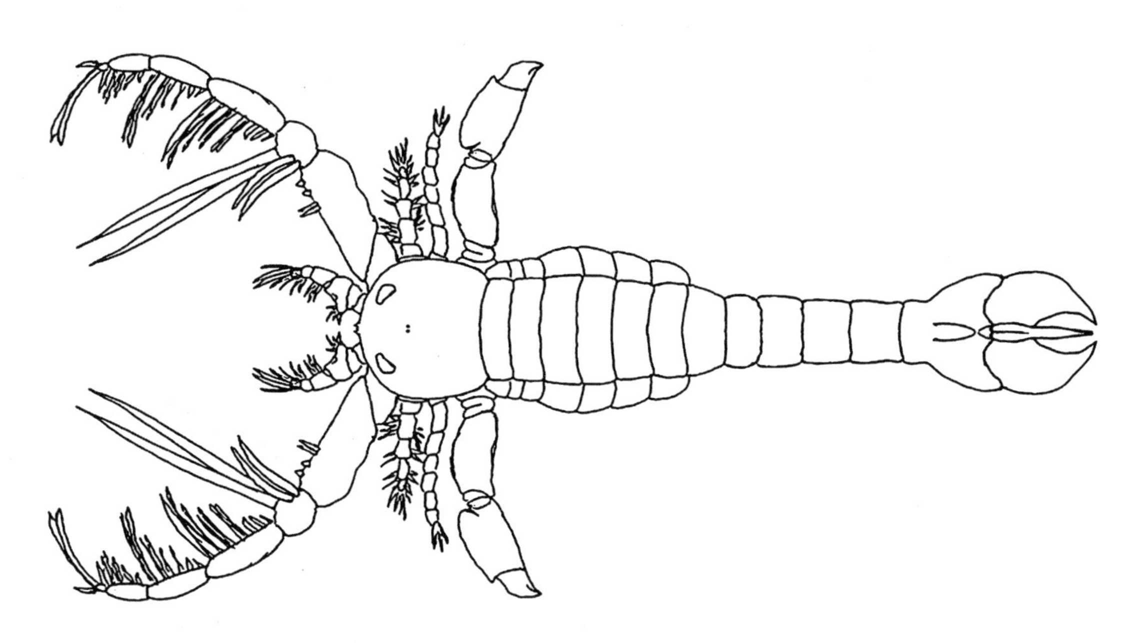

巨型羽翅鲎

无齿芙蓉龙化石

『龙』之初
无齿芙蓉龙

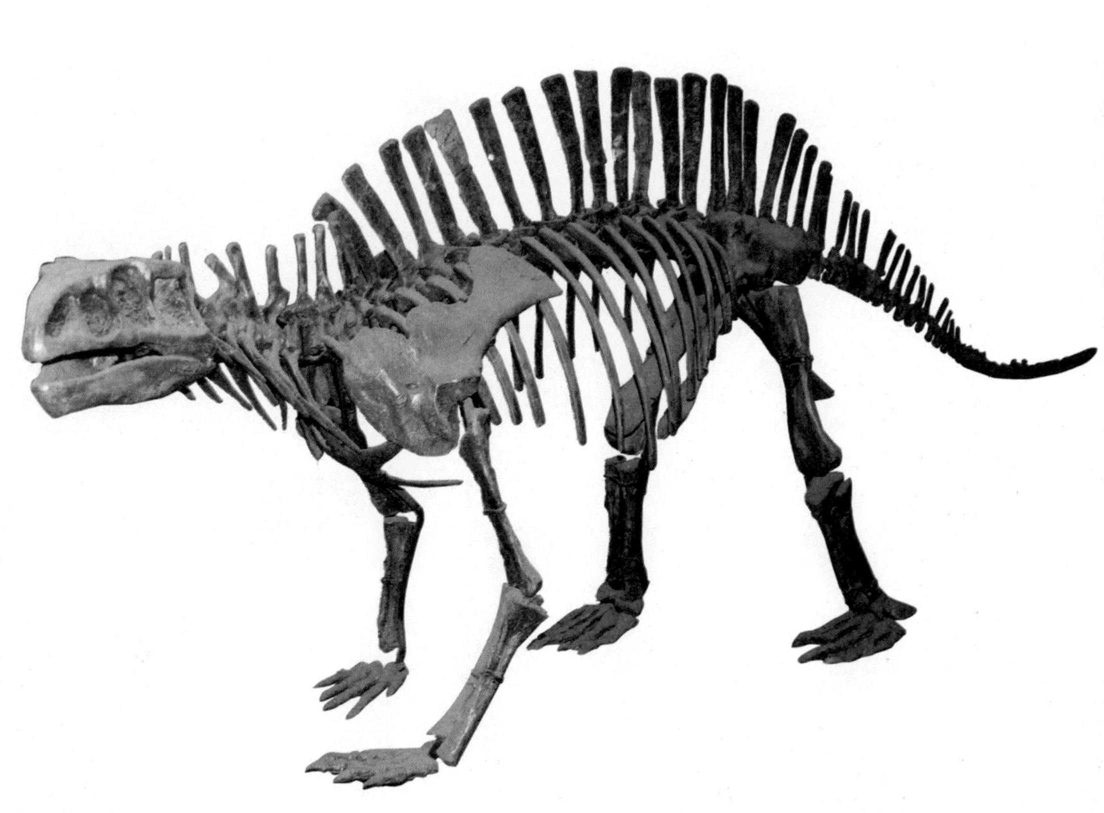

无齿芙蓉龙化石

恐龙生活在距今2.25亿—6600万年前，它们在地球上成功地生活了近1.6亿年，被认为是在地球上生活最成功的一类动物。古老、外形奇特的恐龙们，深受人们的关注和喜爱。而庞大的恐龙家族，最早的祖先类型是什么样子的呢？它们会有着怎样的演化轨迹呢？无齿芙蓉龙是恐龙吗？带着这些疑问，我们来说说龙之初那些事。

无齿芙蓉龙复原图

无齿芙蓉龙最早发现在中国湖南的桑植县。研究人员发现并修理装架了三具非常完整的骨骼化石，其中一具安放在北京自然博物馆。它的身长不到3米，高约1米，尾巴长，四肢短，口中没有牙齿，类似鹦鹉的喙嘴，它可以用喙来摘食蕨类植物和木贼类植物的茎叶和嫩芽。最引人注目的是它背后竖起的一排条状骨板，这其实是它的背神经棘。它活着的时候，背棘上有皮膜相连，就

异齿龙复原图

像竖起了风帆，这些风帆起着什么作用呢？无齿芙蓉龙是现代鳄类的远亲，应该同鳄鱼相似，属于体温不恒定的动物。而它的背帆与二叠纪时期的异齿龙、基龙身上的背帆非常相似，它们就像一群身披背帆的大蜥蜴。而这些背帆很有可能是起到调节体温的作用，当天气寒冷时，它们尽力展开背帆，大面积地接触阳光，阳光温暖背帆里的血液，当这些血液流过全身时，体温就会升高；

当天气太热时，它们又会竖起背帆，站在通风处，降低体温。对于体型庞大、体温不恒定、又需要大量进食的爬行动物来说，调节体温起着极其重要的作用。

无齿芙蓉龙生活在三叠纪中期，属于爬行动物中的主龙类。主龙类分出两支，一支向现代鳄类发展，一支向鸟类发展。而我们非常感兴趣的恐龙，就是向鸟类发展的一支分出来的一类。而无齿芙蓉龙是向鳄类发展的一支分出来的一类。但它和恐龙的亲缘关系还是非常密切的，尤其它演化出可以直立的四肢，这与现代的鳄鱼差别是非常大的。在早三叠世，主龙类发展得非常快，甚至超过了同一时期已经出现在地球上的早期哺乳类动物。但是，在距今2亿年前的三叠纪—侏罗纪灭绝事件中，主龙类中的鳄目、翼龙目、恐龙，以及离龙类侥幸存活，延续了上亿年的辉煌。而其他主龙类，包括我们今天的主角无齿芙蓉龙，并没有恐龙这么好的运气，最终退出历史舞台。

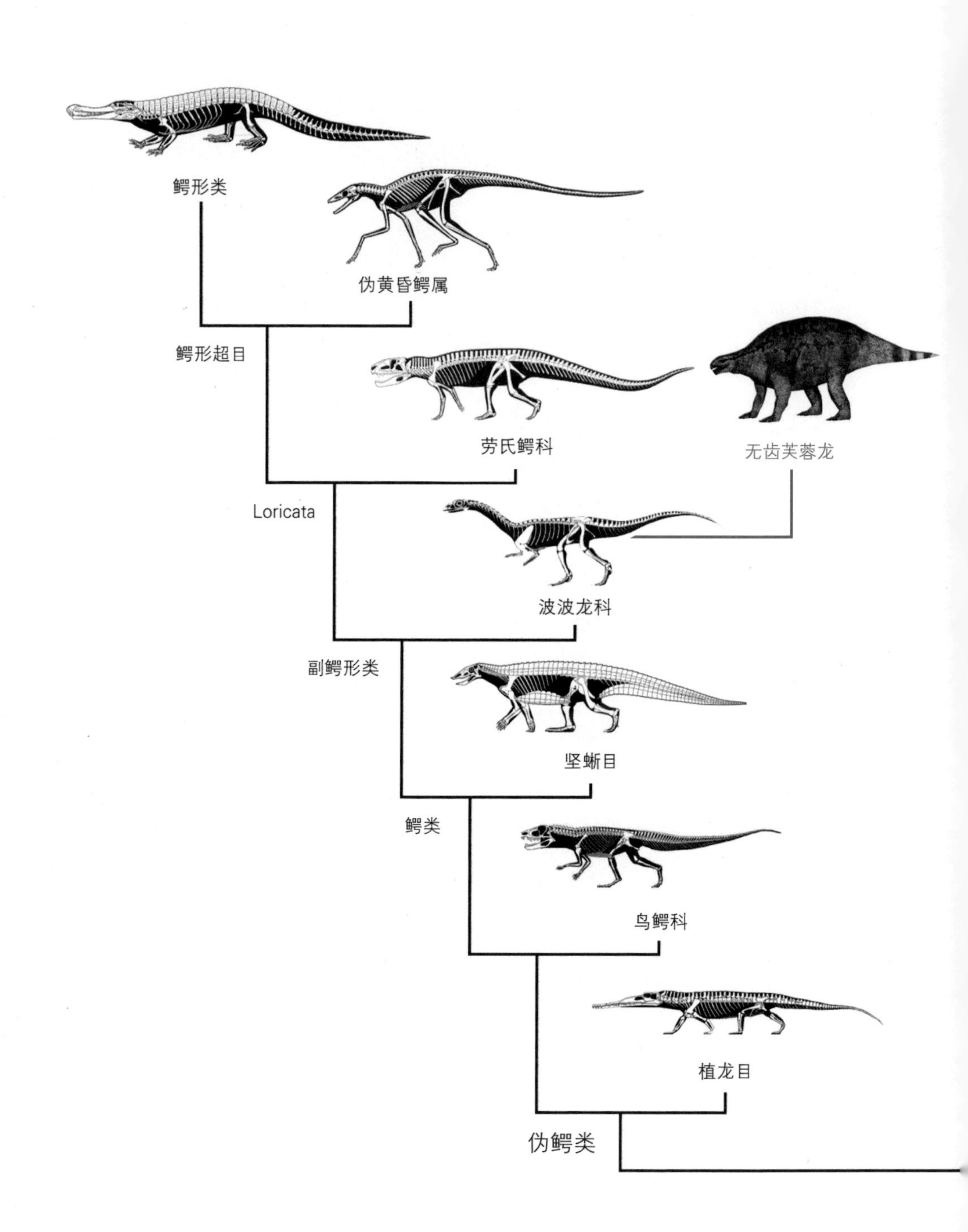
鳄形类
伪黄昏鳄属
鳄形超目
劳氏鳄科
无齿芙蓉龙
Loricata
波波龙科
副鳄形类
坚蜥目
鳄类
鸟鳄科
植龙目
伪鳄类

主龙类演化图

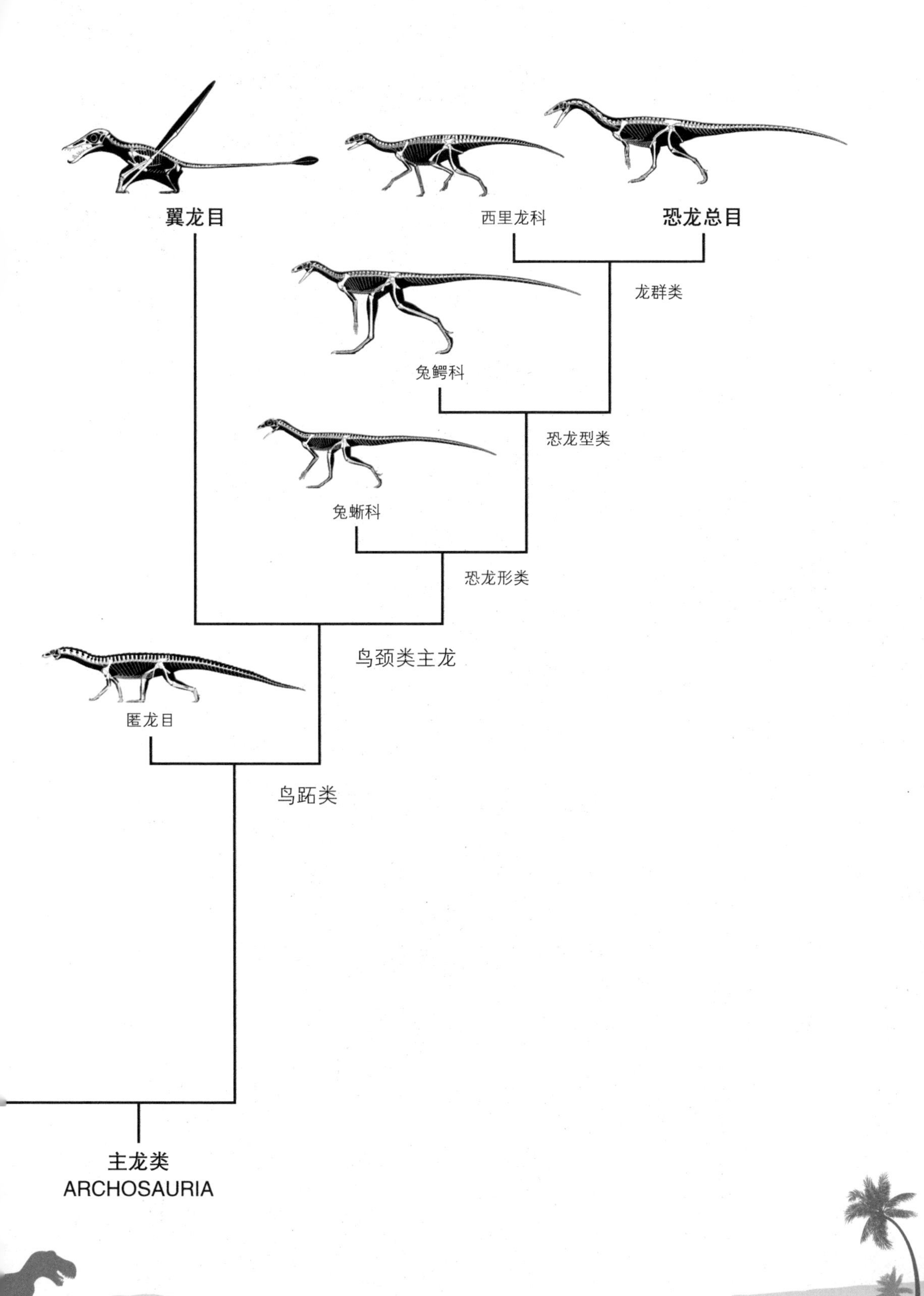
翼龙目
西里龙科
恐龙总目
龙群类
兔鳄科
恐龙型类
兔蜥科
恐龙形类
鸟颈类主龙
匿龙目
鸟跖类
主龙类
ARCHOSAURIA

许氏禄丰龙化石

# 中国第一龙

许氏禄丰龙

杨钟健教授

如果你看过电影《无问西东》，也许还能记起，电影里有这样一个片段：在战火纷飞中，西南联大的老师和学生头带伪装草帽，在极其隐蔽的地方上课，课程中老师正在讲解一架恐龙骨架模型，那个模型，就是历经战争风雨的许氏禄丰龙。

1938年7月，中国古脊椎动物学之父杨钟健教授与地质学家卞美年，在云南昆明西北方的禄丰盆地发现了禄丰龙动物群。1939年，许氏禄丰龙被发现，这是由中国人自己发现、发掘、装架的第一具恐龙化石，被我们骄傲地称为“中国第一龙”。在抗日战争的炮火中，在解放战争中，许氏禄丰龙化石辗转大江南北，可以说这具古老的恐龙化石见证了新中国成立的历史进程。

1958年，许氏禄丰龙邮票发行，成为全世界第一枚印有恐龙形象的邮票。

许氏禄丰龙见证着人类历史，同时它在自然历史研究中，也起着举足轻重的作用。恐龙生活在中生代，中生代经历了三叠纪、侏罗纪和白垩纪。恐龙是在三叠纪晚期出现的。但是到目前为止，在中国还没有发现过三叠纪时期的恐龙化石，只发现过那个时期的恐龙脚印化石。而我们的主人公许氏禄丰龙生活的年代是在2亿年前侏罗纪早期，许氏禄丰龙对于研究中国早期的恐龙起着极其重要的作用。

“中国第一龙”——许氏禄丰龙

许氏禄丰龙邮票（1958）

许氏禄丰龙属于基干蜥脚型类的板龙科恐龙，它全长4—5米，身高2米左右。颈椎很长，前肢短小，有5指，后肢粗，脚趾上有粗壮的爪，它的尾巴很强大，可以支撑身体。与整个身体比起来，它头很小，上下颌没有强大的肌肉附着，牙齿也非常细小，有锯齿，颚骨关节和牙齿的形态和现在的马和牛很相似。所以推测它活着的时候，主要靠后肢和尾部支撑身体平衡，后肢站立行走，靠前肢和脖子取食高处的植物。有趣的是，杨钟健教授根据它左右前肢不对称的结构特性，推断它是一个“右撇子”，表现在许氏禄丰龙的正型标本，右侧肩胛骨、骨化的胸骨、肱骨等明显比左侧的粗壮。2014年花脚山发现了另一具许氏禄丰龙的骨骼化石，根据其右侧强于左侧的股骨特征，似乎也印证了许氏禄丰龙有可能像很多人类一样，主要以右侧为发力侧，它会用有力的右侧前肢抓握树干。

许氏禄丰龙复原图

马门溪龙化石

# 最长的脖子

## 井研马门溪龙

知识卡片：马门溪龙科下有四个属分别是：通安龙属、峨眉龙属、秀龙属和马门溪龙属

在北京自然博物馆古爬行动物展厅的二层平台上往下俯瞰，你能看到一条巨大的恐龙横贯在一层展厅，那颀长的脖颈连接着一个不大的小脑瓜，似乎不费力就可以看到展厅外的风光，而其纤长的尾部几乎延伸到展厅的最后侧。虽然现在它只是一具骨架化石，但是人们依然能够想象，这样的庞然大物，如果活着的时候，完全可以碾压脚下的一切。还好，它活着的时候，性格还是很温顺的，是一类素食性的恐龙，我们称之为马门溪龙。

马门溪龙是一类大型蜥脚类恐龙，是东亚特有的恐龙类型之一，我国古脊椎动物学之父杨钟健教授，建立了一个新科——马门溪龙科，马门溪龙就是这个科的成员之一。

最早命名为马门溪龙的是建设马门溪龙。它是1952年，一些工人在四川宜宾马鸣溪渡口修筑公路时发现的。1954年，杨钟健教授仔细研究了这批化石，认定它是新发现的恐龙类型，但因为口音的原因，“马鸣溪”则成了“马门溪”，所以将其命名为马门溪龙，并一直延续至今。由于第一条马门溪龙是在修建公路时发现的，所以被称为“建设马门溪龙”。科学上将建立新属时候所依据的种叫作“模式种”，而建立新种时所描述、测量的标本叫作“模式标本”。所以，建设马门溪龙是马门溪龙属的模式种，而

建设马门溪龙骨架在北京自然博物馆展出（1984-2003）

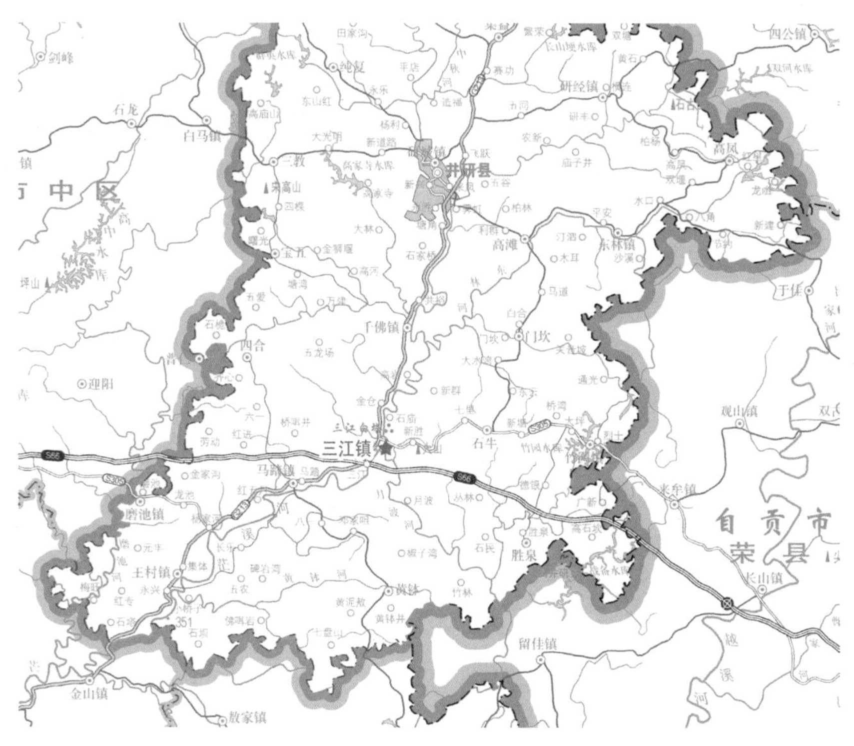


马门溪龙化石发现地之一四川省井研县三江镇

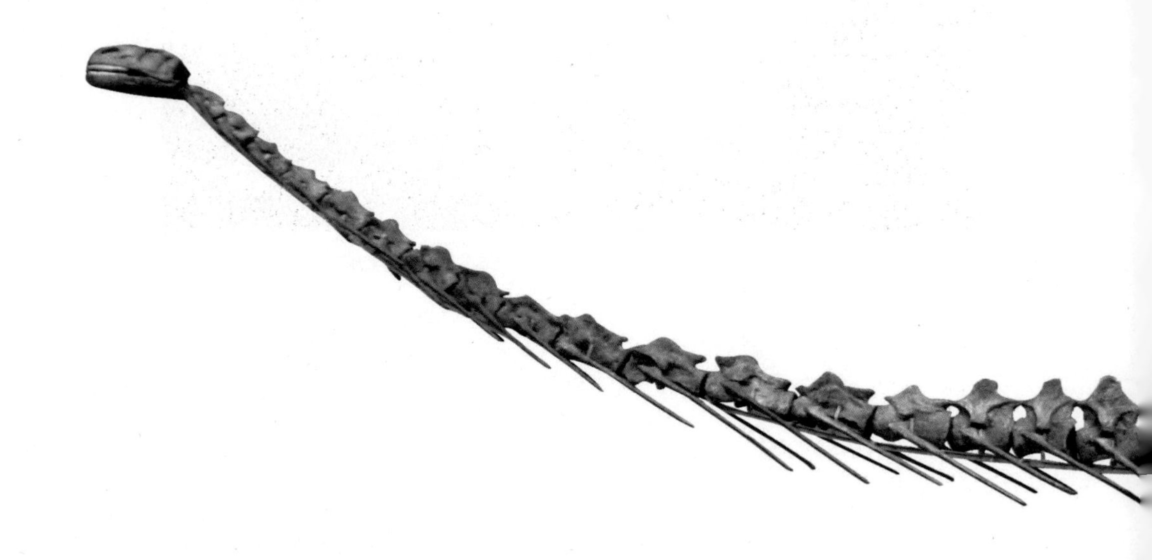

马门溪龙化石

采集自马鸣溪的这批马门溪龙化石就是建设马门溪龙的模式标本。这批模式标本现保存在北京自然博物馆库房中。

马门溪龙的大部分成员都是在我国的四川盆地被发现的。大名鼎鼎的井研马门溪龙是马门溪龙属下的另外一个种，是科学家在四川省井研县三江镇发现的。

马门溪龙骨架化石在澳大利亚展出

井研马门溪龙生活在1.4亿年前的侏罗纪晚期，全长26米，脖子近12米长，它的头部化石并没有被发现，但发现了一些牙齿化石，这些牙齿是典型的马门溪龙科的勺形齿，有的牙齿边缘还具有锯齿。科学家推断，井研马门溪龙活着的时候，体重可达60吨，每天进食植物近200公斤。比起它庞大的身躯，它的头部显得特别小，很多人见到它这样的身体比例，一定会有很多的疑问。比如：它是曾经出现的最大的陆地动物吗？它的小脑袋是怎么指挥身体的呢？它的种族里还有更大家伙吗？

知识卡片：马门溪龙属于大型蜥脚类恐龙，中国境内发现的最大的马门溪龙是在新疆发现的中加马门溪龙，全长近30米；它的脑袋虽然小，但它腰带骨处，有很大的空腔，可能含有更大的神经节，依靠这个神经节辅助大脑支配身体。

马门溪龙的头和牙齿

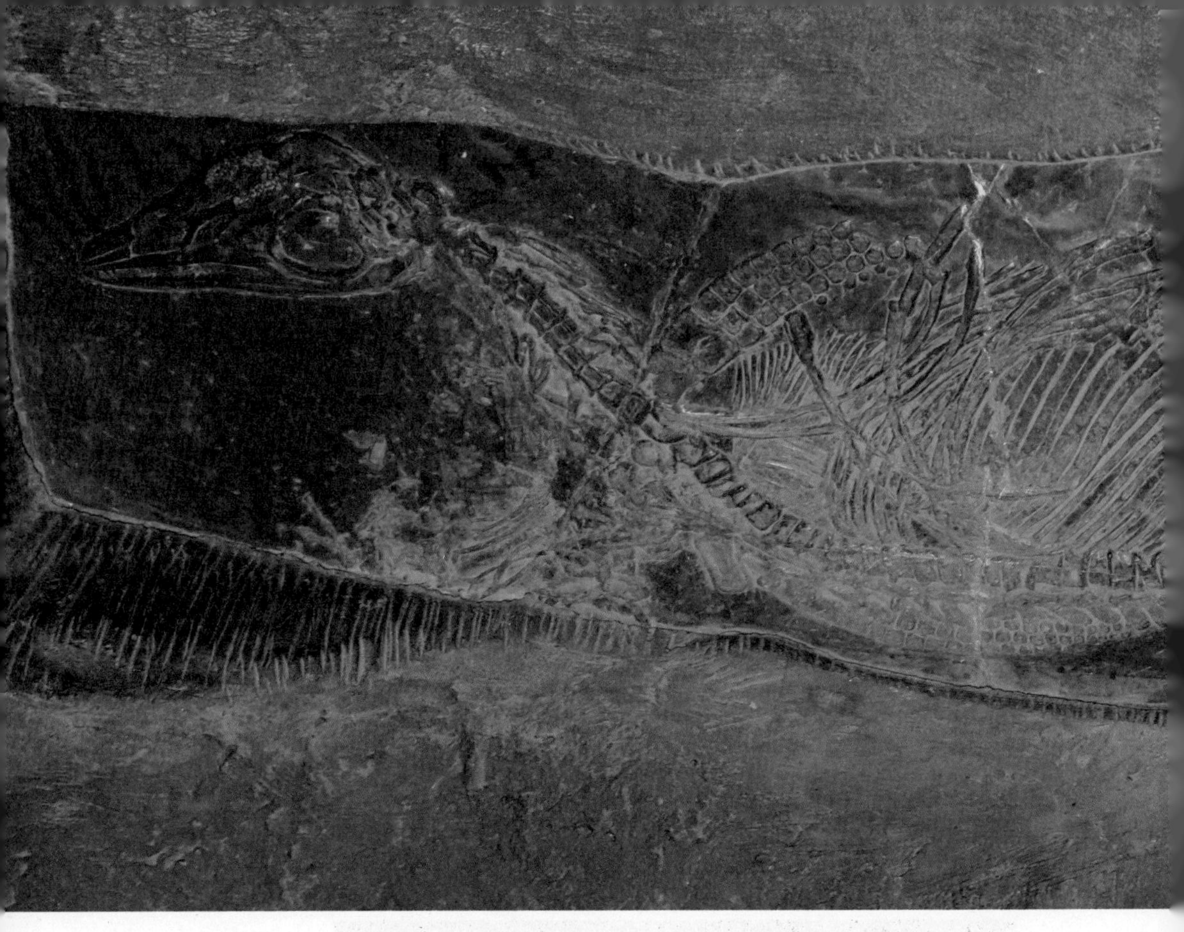

鱼龙化石

在中国贵州省南部有一片广大的区域（关岭），在这个区域近10米厚的水平岩层中，埋藏有大量的古生物化石，其数量种类烦冗。不管是水生植物，还是身体柔软如同花朵的海百合，或者是我们今天的主角——身体巨大的水生爬行动物鱼龙。它们埋藏的状态太完美了，化石表面没有外力冲击的伤害，完全保留着生命最后一个瞬间的姿态，就像精雕细琢的浮雕。看到这些你能想到什么？让我们做一次古生物学家，根据这些线索，走进自然博物馆，看看能不能揭示出三叠纪时期，曾经生活在贵州的鱼龙的前世今生。

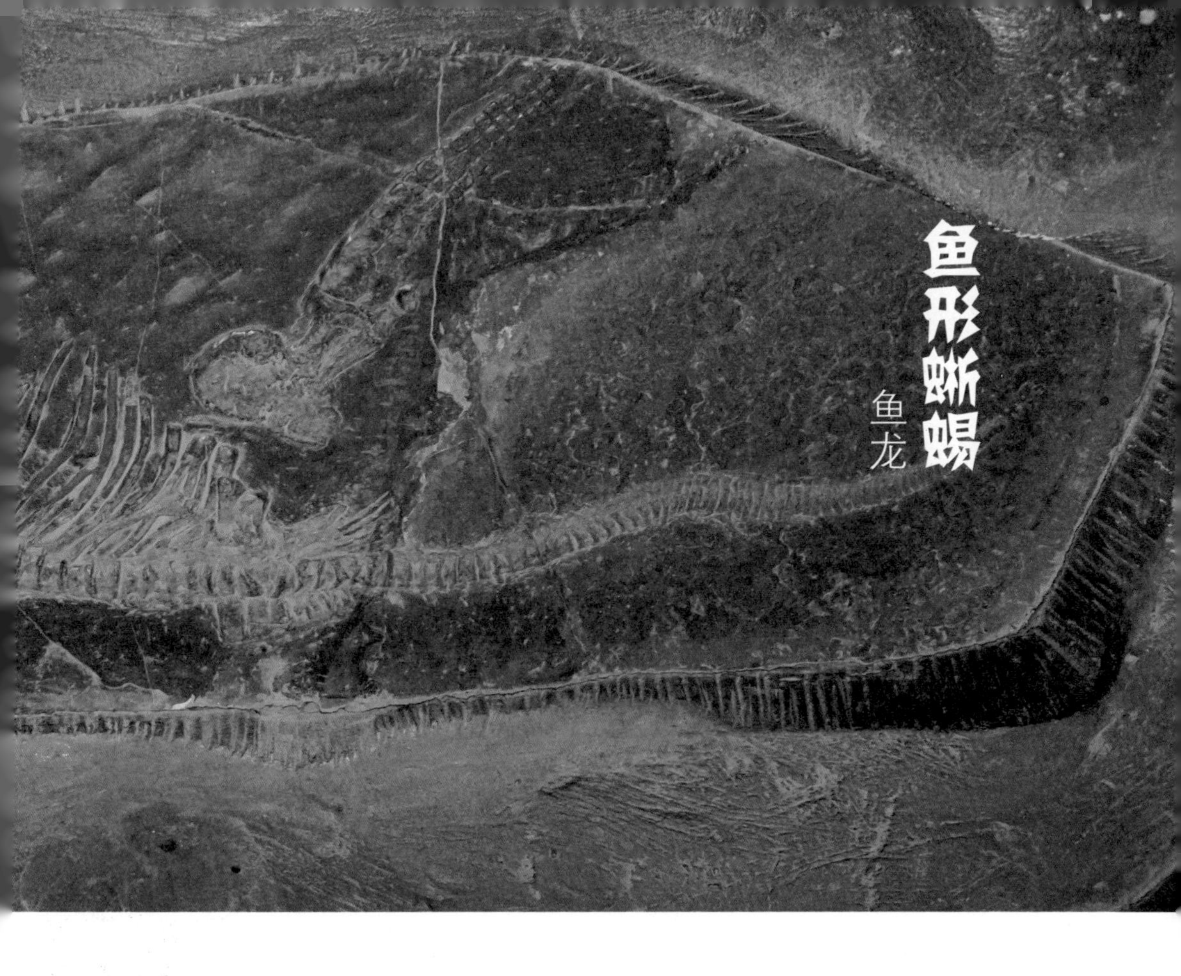

# 鱼形蜥蜴

## 鱼龙

自贵州关岭的鱼龙化石，身长2米左右，纺锤形的身体，大大的圆形眼眶，像海豚一样的长吻，鳄鱼一样的牙齿，后背弯曲似鱼，背部有肉鳍，四肢趾头退化，被肉质包裹为鳍状肢，尾部下弯。这怪模怪样的形象，让人觉得它更像现在生活在海洋里的海豚。其实，鱼龙是在2.5亿年前的三叠纪就已经出现的海洋爬行动物，它们种类繁多，称霸着中生代的海洋。

关于鱼龙的出现，科学家做了一些推断。可能在二叠纪末期，曾经发生过一次极其严重的生物大灭绝，90%的海洋生物灭绝，

中生代的海洋

地球历史上的生物大灭绝事件
5.5亿年前
前寒武纪
埃迪卡拉
动物群突然消失
1
4.4亿年前
奥陶纪末期
85% 的物种灭绝
2
3.7亿年前
泥盆纪末期
海生无脊椎
动物大量灭绝
3
2.5亿年前
二叠纪末期
90% 的海洋生物和
76% 的陆生脊椎动物灭绝
4
1.95亿年前
三叠纪末期
76% 的物种主要
是海洋生物灭绝
5
6500万年前
白垩纪末期
80% 的物种灭绝包括恐龙、
翼龙及海洋爬行动物
6
现在
7
由于人类的活动使物种灭绝速度比自然灭绝加快了1000倍，每小时都会有一个物种灭绝

生物大灭绝事件

喙头蜥

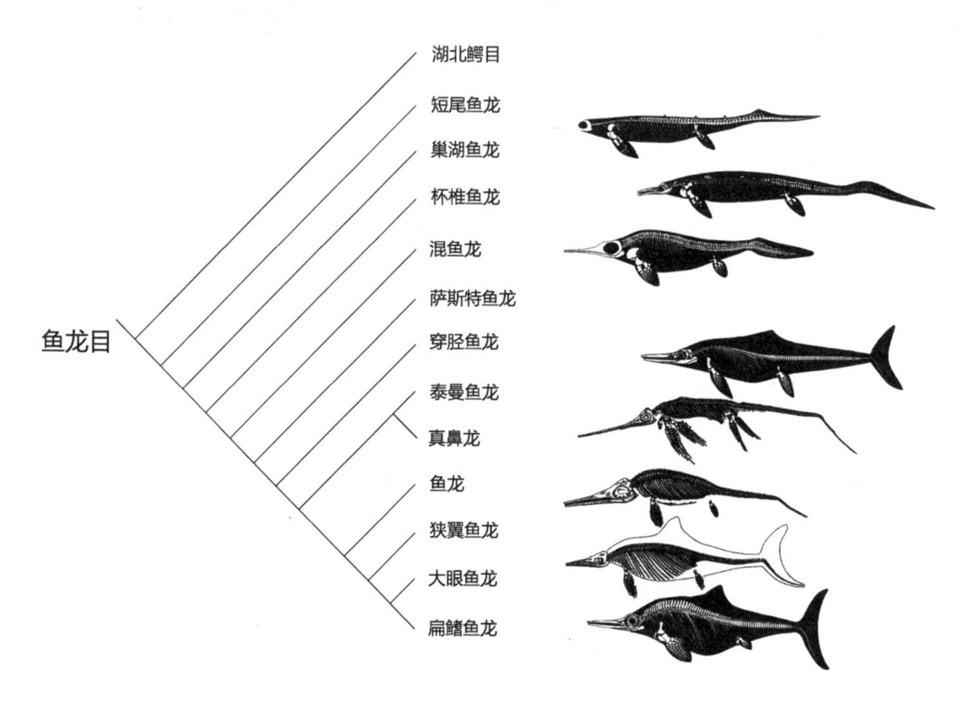


鱼龙的身体越来越适应海洋环境

鱼龙的身体越来越适应海洋环境

70%的陆地脊椎动物灭绝。脊椎动物中爬行动物的一支，为了生存，前往靠近海边的水域觅食，长此以往，它们逐渐适应了水中的生存状态，最终可以完全生活在水中。目前地球上现存的多斑喙头蜥是最原始的爬行动物，具有很多原始的特征。例如当它行走时，躯干和尾部呈波浪形起伏摆动。我们想像一下，也许最初出现的鱼龙并不像鱼类，更像小型的蜥蜴，当它们游动的时候，也是起伏着身体，用有力的尾部摆动，完成在水中的行走。

在三叠纪末期，鱼龙演化得更加适应海洋里的生活，它们的身体越来越像鱼了。它们有着比大多数海洋动物更庞大的身躯（目前发现的最长的鱼龙身长可达26米），如鱼雷般的捕食速度，强大的进攻武器——锐利如匕首的牙齿、灵敏的视觉、敏锐的听觉，卵胎生的繁殖方式，这都让它们不可一世，很多水生动物都成了鱼龙们的口中美味。但是在距今9000万年的白垩纪中期，它们在地球上全部消失了，但原因是什么？至今仍然是一个谜。

鱼龙

谈到灭绝之谜，我们再回头看一下，前面提到的贵州关岭，从关岭的岩层中寻找解开谜底的线索。线索一，10米的岩层。什么是岩层呢？假设我有一个空的透明塑料垃圾桶，周一往垃圾桶中扔进去白色的纸片，周二扔进去蓝色的纸屑，周三扔进去绿色的纸团……以此类推，周末我观察这个透明的垃圾桶，发现这些垃圾有了明显的分层，蓝色的那层是周二扔的纸屑，白色的是周一扔的纸片……这种层叠记录了时间。而地层也类似，10米高的岩层，每1米代表一个地层形成时期，大概为1米厚的岩

层要经历10万年才能形成。10米代表着地质时期跨越了100万年。100万年在地质历史时期里，只是极其短暂的瞬间，在关岭这100万年的地质历史时期里，到底发生了什么？线索二，这里曾经是一片海洋，海洋动物的化石在每层地层中都有发现。线索三，化石保存的异常完整，每一层都是水平埋藏，这意味着当时的水域异常平静，这里就像一处避风港。动物们平静地死亡，没有风浪等强大的外力对它们的尸体进行摧残。线索四，经岩层鉴定这是三叠纪时期的地层。在前面提到二叠纪末期，地球上发生了一次可怕的灭绝事件，地球环境、地壳环境的巨变导致了物种的消亡。在三叠纪早期，贵州大部分海域已经消退，只有在贵州南部保存着几处海域，而贵州关岭特殊的地理环境，造就了一处平静的海湾。但是，最终连接海洋的通道，很快由于造山运动彻底堵塞了。可想而知，平静的、安逸的海域，让生命们迅速繁衍。但是，在100万年的时间里，这平静的摇篮逐渐成为噩梦的开始，缺氧最终让一片繁荣沉寂为一潭死水，当最后一条鱼龙，因为窒息死亡以后，其余的生机也最终归于平静。而贵州关岭化石群，就是从那一时刻开始形成了。100万年的巨变，这里不光记录了一个个生命的前世今生，还把一次灭绝事件完整地还原在人类面前。这也许就是大自然在为人类敲响的警钟，珍惜生命存在的每一个瞬间，保护生态环境，才有可能让人类灭绝的悲剧可以来得更晚一些。

三趾马化石

# 从『主角』到『配角』

## 三趾马

之前，我们都在中生代的时光里穿梭，此刻我们已经来到了新生代，而新生代的开篇动物就是三趾马。三趾马的名字，可能让我们感到奇怪。三个趾头的马，能奔跑起来吗？而且它的个头比起现在的马要小很多，它和现生的马有什么关系？三趾马会不会是现代马类的祖先呢？带着这些疑问，我们看看马的溯源。

说到马，我们一定能想到驰骋于大草原上的高头骏马，鬃毛在风中飘荡，健硕的肌肉轮廓在奔跑中张弛有度，即使其四蹄踏地扬起地上的灰尘，但其绝尘的速度，似乎都不会沾染上尘埃。洒脱飘逸的身姿让我们不禁感叹，这就是天生为奔跑而生的生命。

始祖马

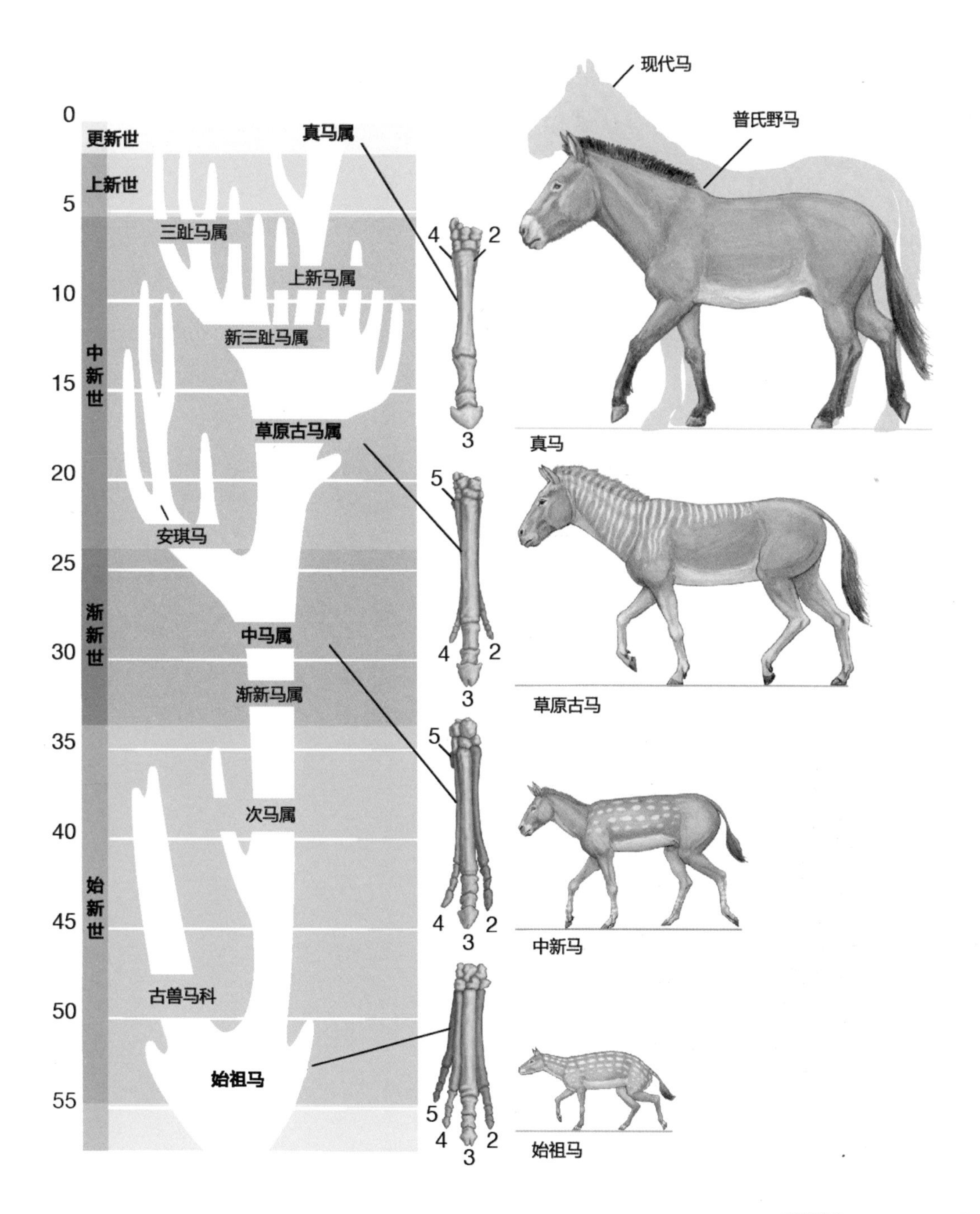
0
5
10
15
20
25
30
35
40
45
50
55
更新世
上新世
中新世
渐新世
始新世
真马属
三趾马属
上新马属
新三趾马属
草原古马属
安琪马
中马属
渐新马属
次马属
古兽马科
始祖马
现代马
普氏野马
真马
草原古马
中新马
始祖马

马的演化

关于马的演化，全世界发现的化石证据已经记录得比较翔实了，再加上基因溯源，现代马的前世今生已经脉络清晰。

进入新生代第三纪始新世，距今5600万年，在南美洲的密林里出现了一类身高25—50cm的体型如同狗的矮小动物，它们牙齿是极其适合咀嚼纤细较软食物的低冠齿。它们在密林里以啃食鲜嫩多汁的树叶为生，脚趾是前四后三。它们就是马的祖先始祖马。它的出现，开启了马类大家族的演化历程。

知识卡片：三人类的牙齿就是典型的低冠齿，露在牙龈上的齿冠高度低于牙龈以下的齿根高度即为低冠齿。

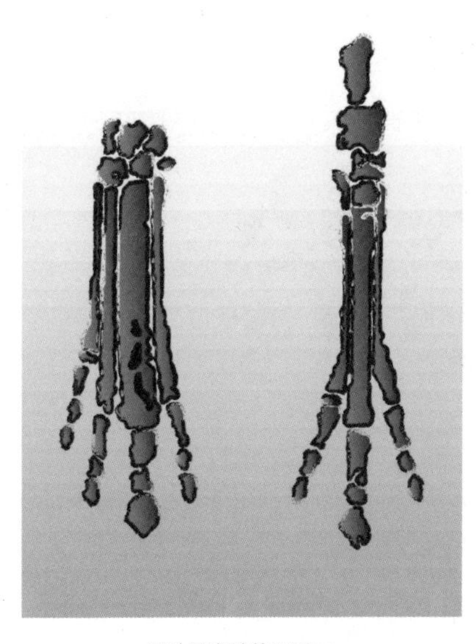

三趾马脚趾前四后三

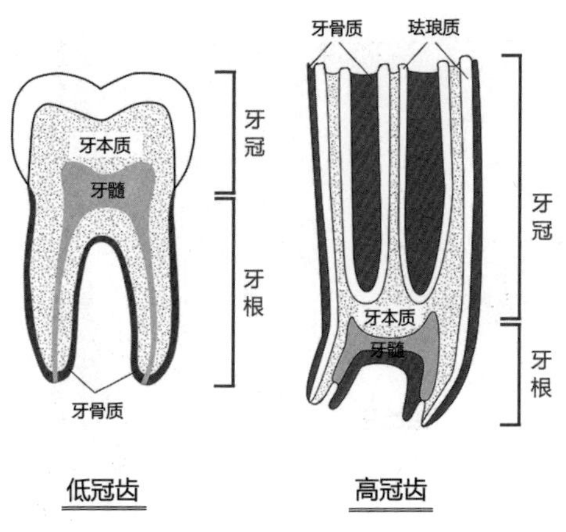


低冠齿与高冠齿

自中新世以来，印度板块挤压欧亚板块，喜马拉雅山逐渐隆起，中国西部海拔越来越高，气候发生了改变，一年四季更加分明。大部分的密林、灌木转变为蓬勃发展的草原，而马类成员也从适合吃树叶的森林型动物，开始演化为在开阔地带生活，因吃草而体型逐渐变大的草原型动物。马类成员也在这个时期蓬勃发展，物种数量达到最高峰。现生马类的直系亲属真马亚科的草原古马已经和我们今天的主角三趾马先后到来。

三趾马的拉丁文原意为“小马”，而且并非只有“三趾马”有三个脚趾，在马类演化的初期，很多马都有三趾，所以称它们为三趾马并不确切。但作为习惯译名，尊重最初命名权，所以三趾马的译名一直沿用至今。它们身体并不大，中国最小的三趾马为东乡三趾马，体长1米左右。最大的三趾马为长鼻三趾马，体长1.8米左右。它们的三个脚趾，使他们并不善于奔跑。在距今1800—1500万年间，三趾马在北美洲快速发展，在1150万年前，三趾马通过白令陆桥，来到了欧亚古陆。

自此三趾马遍布美洲、欧亚大陆、非洲等地。尤其在中国，它们的化石储量极其丰富，目前中国的三趾马化石中发现了4个属，21个种。它们曾经是马类中最繁荣的家族，一度有人认为它们可能是现在马类的祖先。但事实上，三趾马是马类演化的进程中成为没落的一支，在距今50万年前沦为演化配角，全部灭绝，然而关于它们的灭绝一直以来都是一个难解之谜。

知识卡片：白令海峡是北美洲和亚洲大陆间最短的海上通道，在地球沧海桑田的变迁中，海水发生过多次的上升和下降。在晚中新世，地壳上升，海水退去，海峡变成了陆桥，北美洲和欧亚古陆发生了多次动物交流。

剑齿虎生活场景复原

# 利刃家族

## 剑齿虎

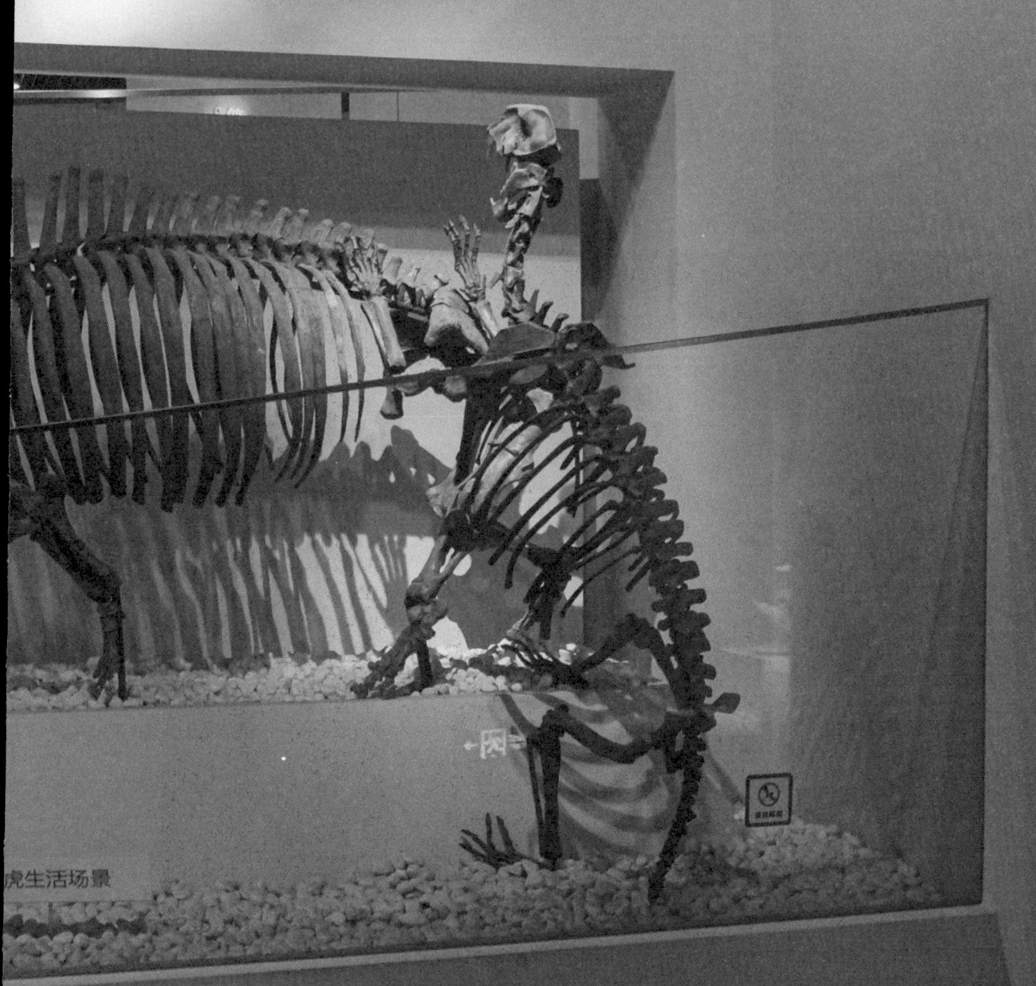

对于剑齿虎，大多数人应该很熟悉，它们在很多动画片里都是主角。但是博物馆里的剑齿虎可不是动画片《史前一万年》或者《冰河世纪》里的“美洲剑齿虎”。它是中国自己拍的一部4D影片《剑齿王朝》里的“巴氏剑齿虎”。读到这里，很多人一定会问：巴氏剑齿虎和美洲剑齿虎有什么区别？剑齿虎不就是那种犬齿突出，像两把短剑垂直在上颌的远古老虎吗？

科学家研究剑齿虎已经200多年了。早期发现的很多动物化石，都存在犬齿突出如短剑的情况，所以起初，只要犬齿突出上

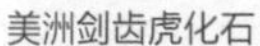

美洲剑齿虎化石

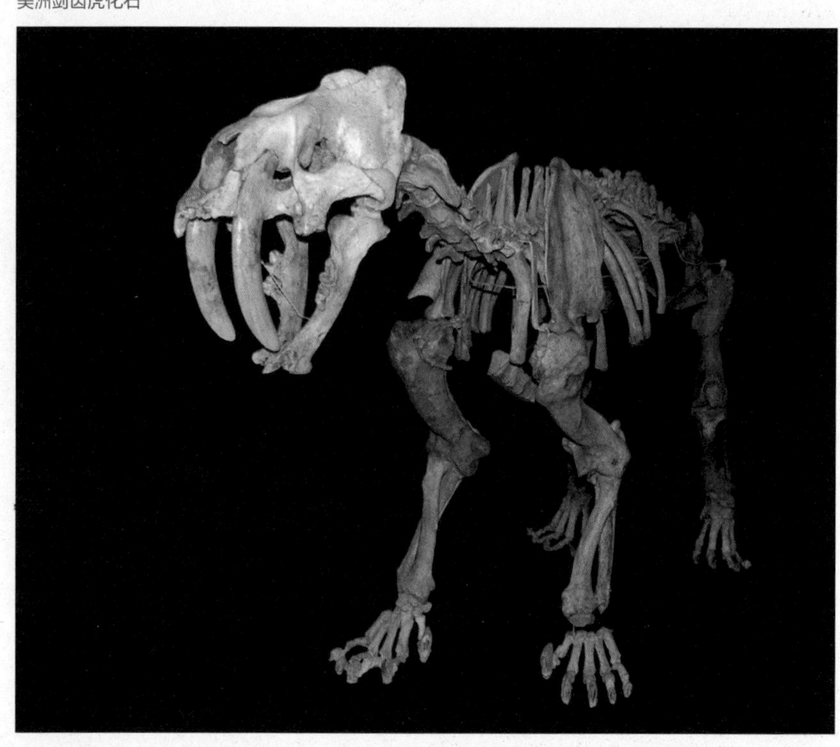

颌的，都叫作剑齿虎，也就是广义上所说的剑齿虎。但随着对这些剑齿动物进行深入的分类研究，剑齿虎的分类也越来越清晰了。现在认为，有剑齿的猫科动物，可以被称为剑齿虎类。

剑齿袋虎

例如，科学家曾经在阿根廷发现的“剑齿袋虎”，也有剑一样的犬齿，但它和袋鼠一样属于有袋类动物；还有，“假剑齿虎类”，虽然从牙齿到头骨都和猫科剑齿虎很类似，但是这类“假剑齿虎类”根本不属于猫科动物。

作为猫科动物成员，剑齿虎和现生的老虎亲缘关系可不近，在猫科动物出现以后，剑齿虎就独立出来，它和老虎最多算作表兄弟。虎类、豹类、狮子类大概是在距今200万年的时候出现的。而剑齿虎类最早在距今1500万年前已经出现（短剑剑齿虎），但是在距今20万年前的时候，欧亚、北非的剑齿虎全部绝灭，而北

知识卡片：关于猫科动物，目前人们是这样分类的：猫科动物中体型大的，叫声是“吼”的被称为虎类（例如现在的虎、狮、豹），相反的则是猫类。而今天我们所说的剑齿虎，就是曾经在中新世晚期繁盛至极的猫科动物。

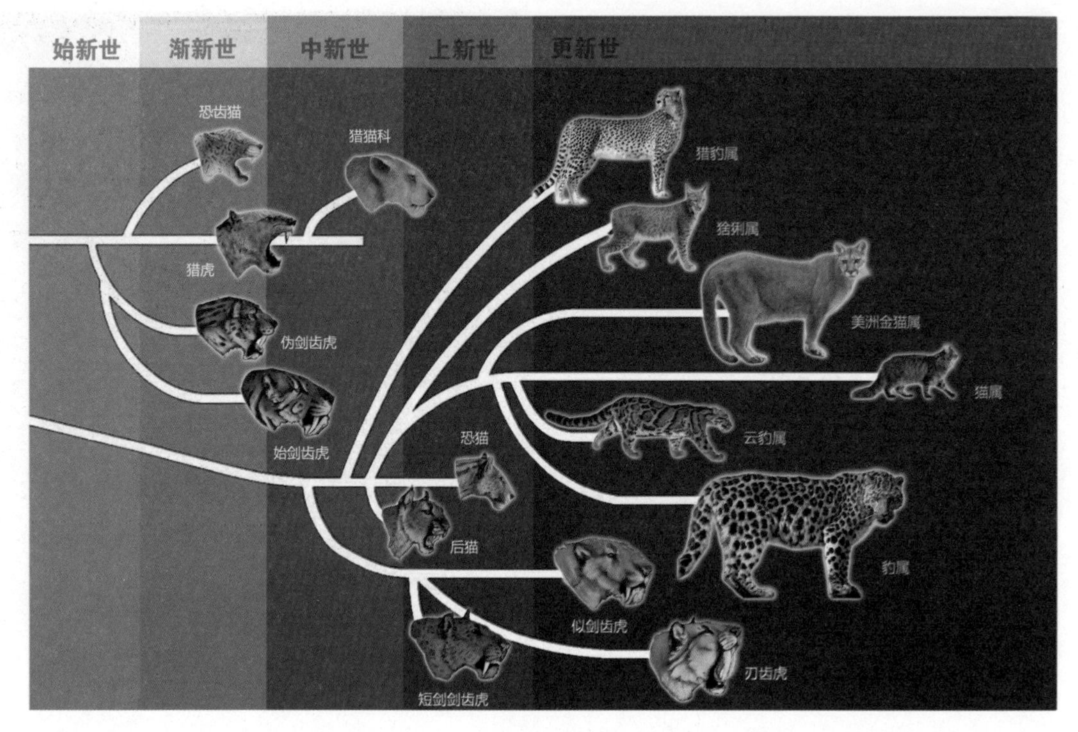


猫科动物演化

美的一支（美洲剑齿虎）在距今1万年前全部灭绝。这说明剑齿虎曾经和原始人类也有过交集。

这样一说，我们就知道了，不是所有有剑齿的动物都是剑齿虎，有剑齿的猫科动物，才可以被称为剑齿虎类。剑齿虎被分为三个族：后猫族、似剑齿虎族和剑齿虎族。

前面提到的巴氏剑齿虎是在我国甘肃省和政县发现的，它们属于剑齿虎亚科的似剑齿虎族，它们有长达15厘米的犬齿，犬齿上还有锯齿，也被称为锯齿虎。其四肢比例修长，群居生活。

但是更狭义的剑齿虎是指猫科动物里的剑齿虎族成员。剑齿虎族成员包括：美洲剑齿虎类、副剑齿虎类、巨颏虎类。而美洲剑齿虎就是电影《冰河世界》《史前一万年》里的巨星。美洲剑齿虎肩高可达1.2米，侧扁而且弯曲，如同匕首的上犬齿长达17厘米，身体结实，颈部、背部、前肢肌肉极其强壮，看上去就像一头猎杀机器。它们群居的生活方式和现在的狮子极其相似，所以它们在那一个时期的繁盛是可想而知的。

但是，剑齿虎家族最终还是走向了灭亡。关于其灭绝的原因有很多说法，包括气候说、人类猎杀说等。关于剑齿虎如何捕食的说法有很多，其中有一种说法；它们的剑齿非常适合穿透行动缓慢的、厚皮动物的身体，有些带有锯齿的牙齿可以扩大伤口，当厚皮动物血流不止，无法动弹时，群居的剑齿虎蜂拥而上，分而食之。但是随着大型犀类动物、象类动物灭绝以后，剑齿虎并不快速的奔跑速度，导致它们无法追捕到靠奔跑求生的中体型草食类动物，食物匮乏最终导致它们遭遇生存危机。但是正是剑齿虎类的灭绝，才使它们的表兄弟：狮子、老虎、豹子们迅速发展起来，最终走向生态金字塔的巅峰。

美洲剑齿虎的头骨

恐鸟骨骼标本

# 消逝的大鸟

## 恐鸟

它身似鸵鸟，站在它的标本旁参观时，我们的目光顺着它的长颈上移，直到完全仰视，才能看到它不大的小脑袋瓜儿。这个体型庞大的动物，就是今天的主角、因为人类猎杀行为而最终导致灭绝的动物之一——恐鸟。

恐鸟比例复原图

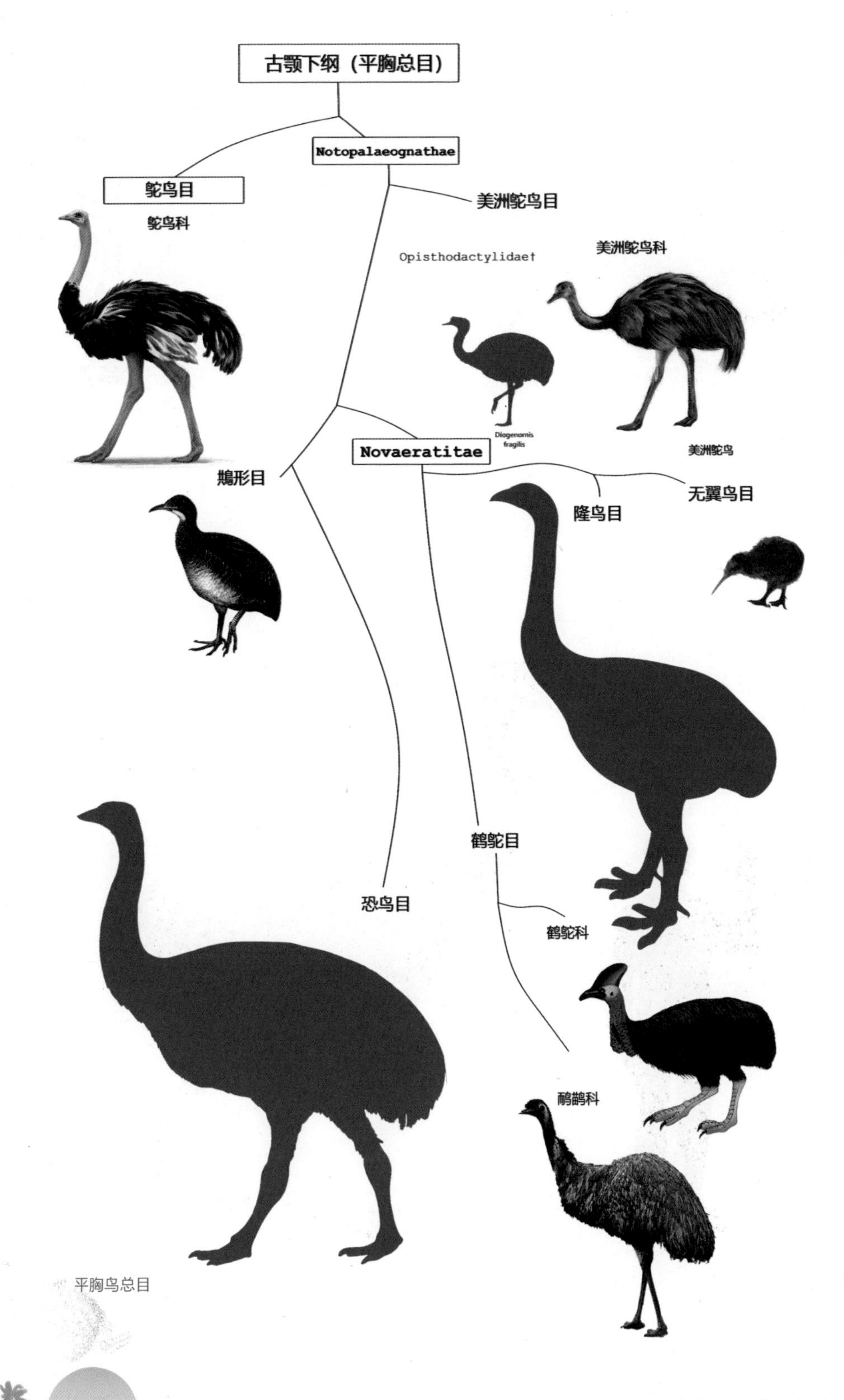
古颚下纲（平胸总目）
Notopalaeognathae
鸵鸟目
鸵鸟科
美洲鸵鸟目
Opisthodactylidae†
美洲鸵鸟科
Diogenornis fragilis
美洲鸵鸟
Novaeratitae
鴂形目
无翼鸟目
隆鸟目
鹤鸵目
恐鸟目
鹤鸵科
鸸鹋科

平胸鸟总目

我们想象一个场景，一只身高达2.5—3米的大鸟，肥胖臃肿的身躯，体重超过250公斤。它除了腹部是黄色的，身上、颈上都披满了黄黑相间的细长毛。粗短壮硕的双下肢跑起来极其笨拙，横向伸出的脖子，让它看上去像一只正在奔跑的鸟类长颈鹿。

恐鸟属于平胸鸟总目，这类鸟之所以称为平胸鸟类，是因为它们没有飞鸟类典型的龙骨突结构，现在的鸵鸟、鸸鹋等都属

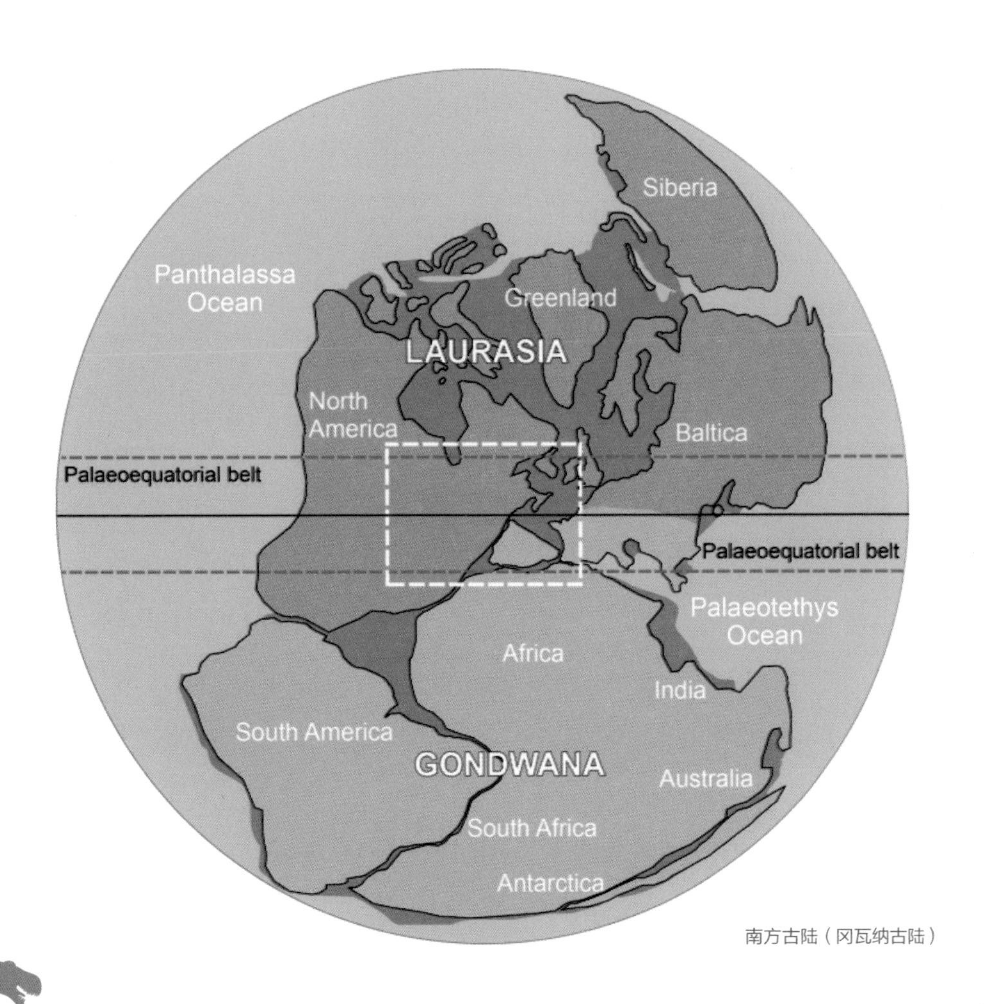


南方古陆（冈瓦纳古陆）

于平胸类，它们都是不能飞行的。而恐鸟类就是平胸类鸟类的代表，其体型庞大，体重惊人，奔跑速度又远不及鸵鸟类。这样呆萌的生物存在在大自然里，可谓是众多肉食动物的口中美味。

在恐龙时代，平胸鸟类就已经出现，并且遍布各地。当时的非洲、南美洲、大洋洲、南极洲都是连接在一起的，我们称之为南方古陆（又称为冈瓦纳古陆）。在距今8000万年前，大洋洲和古陆分离，海水阻隔了陆地，也隔绝了很多肉食性猛兽，在这与世隔绝的大陆上，平胸鸟类类群几乎没有天敌。而在其他大陆上的平胸鸟类，生存在遍布肉食猛兽的环境中，早已被残酷的现实淘汰了。

大约5000—6000万年前，恐鸟从平胸鸟类当中分化出来。曾经生活在新西兰的恐鸟大概有9种，它们当中，最小的体型如火鸡，最大的身高可达3米。最早的化石证据显示，恐鸟起源于新西兰的南岛，在距今150—200万年的时候，海平面降低时，恐鸟来到了北岛。新西兰温暖的气候，丰富的食物来源，让那时的恐鸟生活极其舒适。

但是在公元1250年，恐鸟的好日子到头了。毛利人来到了新西兰，这群“呆萌”的生命完全没有见过人类，它们成了毛利人主要狩猎的对象。但这只是厄运的开始，当欧洲人在18世纪移民至此时，屠戮，垦荒，狗、猫等物种的入侵，让恐鸟们完全没有立足之地。1800年，最后一只恐鸟被屠戮以后，恐鸟这个物种在地球上消失了。起初人们不承认恐鸟已经灭绝，有一支日本的考察队，在新西兰考察了近3个月，也没见到恐鸟的踪迹，

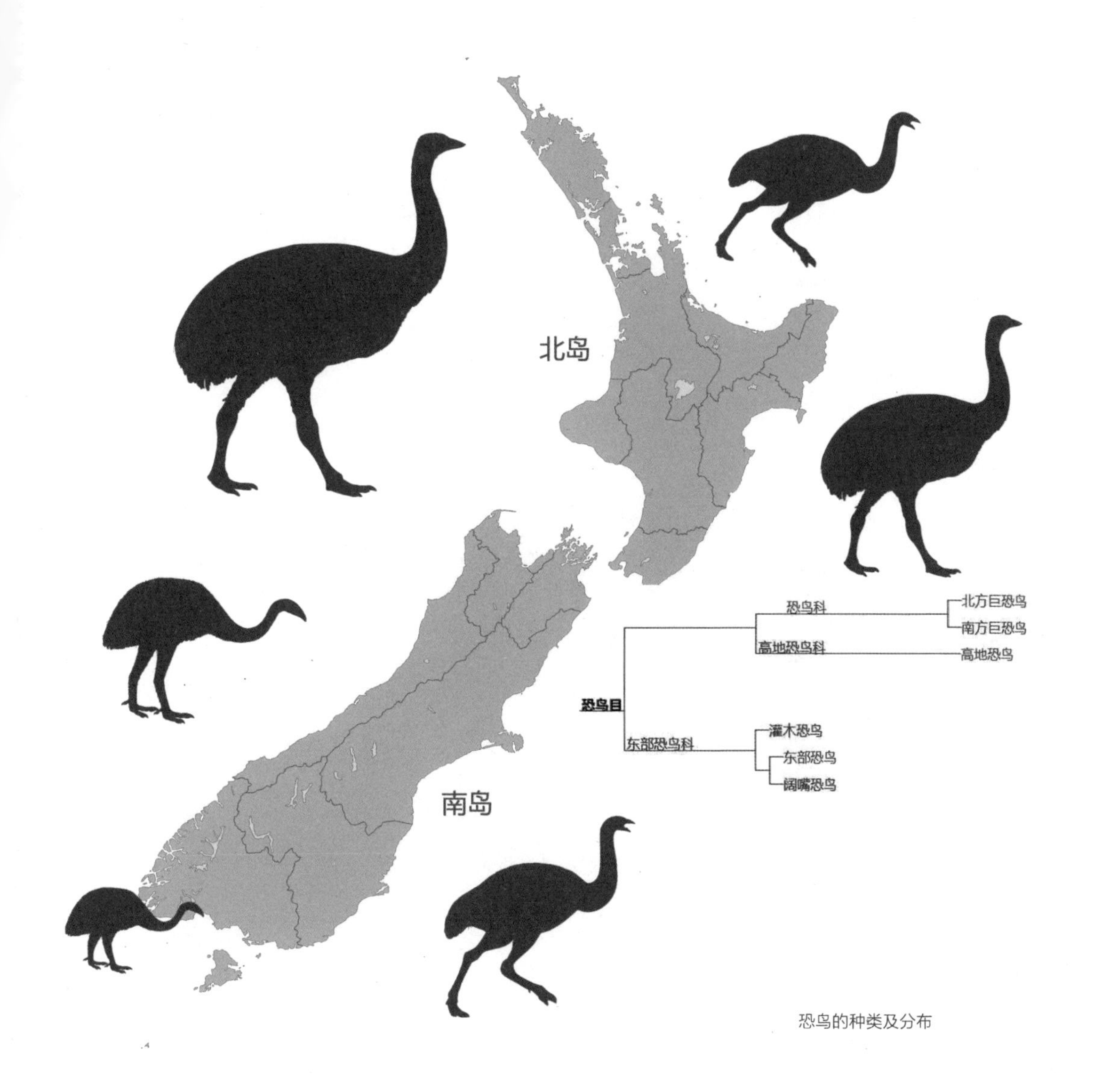

恐鸟的种类及分布

最终不得不承认，恐鸟很可能是由于人类的杀戮、栖息地遭到破坏，而最终导致灭绝的物种。更可怕的是，类似的灭绝事件一直延续至今！在现代，很多物种也许我们都不知道它们曾经存在过，就已经灭绝了。教训是惨痛的，但是面对教训，我们是否改过了呢？怎样和大自然和谐相处，有人去思考了吗？

巨犀复原图及化石标本

亚洲巨兽

巨犀

让我们见识一下曾经出现在地球上的、体型最庞大的哺乳动物——巨犀。巨犀是犀牛吗？想想现生的犀牛：腿短、头大、长角、身宽体胖。而巨犀的骨骼看起来非常高大，脖子、腿都很长，头却不是很大。巨犀和现生的犀牛有什么关系呢？我们来讲一讲五洲巨兽——巨犀的故事。

巨犀和犀牛的对比

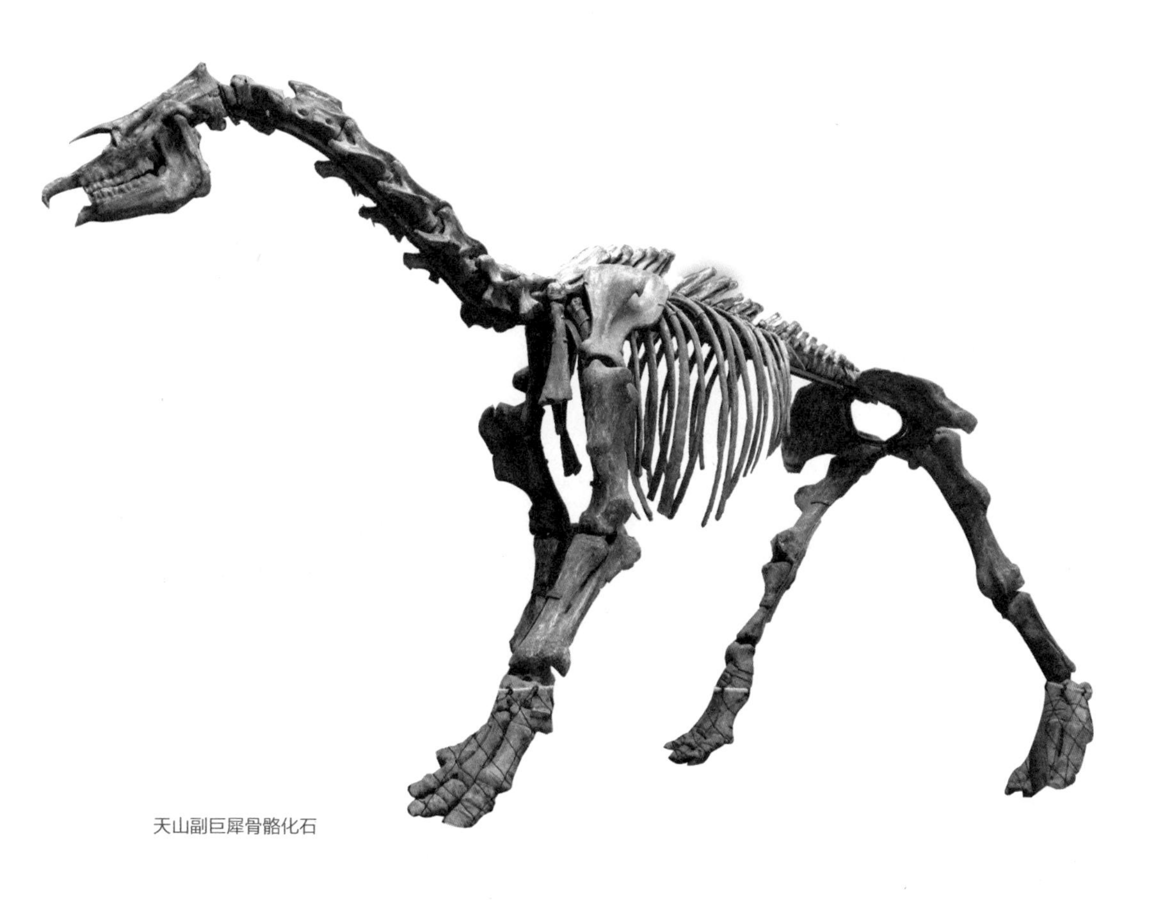

天山副巨犀骨骼化石

巨犀出现在始新世时期，中新世早期灭绝，在地球上生活了1800万年。它们是一类体格健壮、非常高大的巨兽。成年巨犀肩高最高可达5米，体长可达8米，体重可达30多吨。比曾经出现的很多远古巨兽体型都要大（如雷兽、猛犸象），更比现生的白犀、长颈鹿、大象高大很多，例如：最大的非洲白犀肩高最高仅2米，身长为5米；长颈鹿肩高最高仅3.7米，身长为4.72米；非洲象肩高最高仅4米，身长为7.5米。

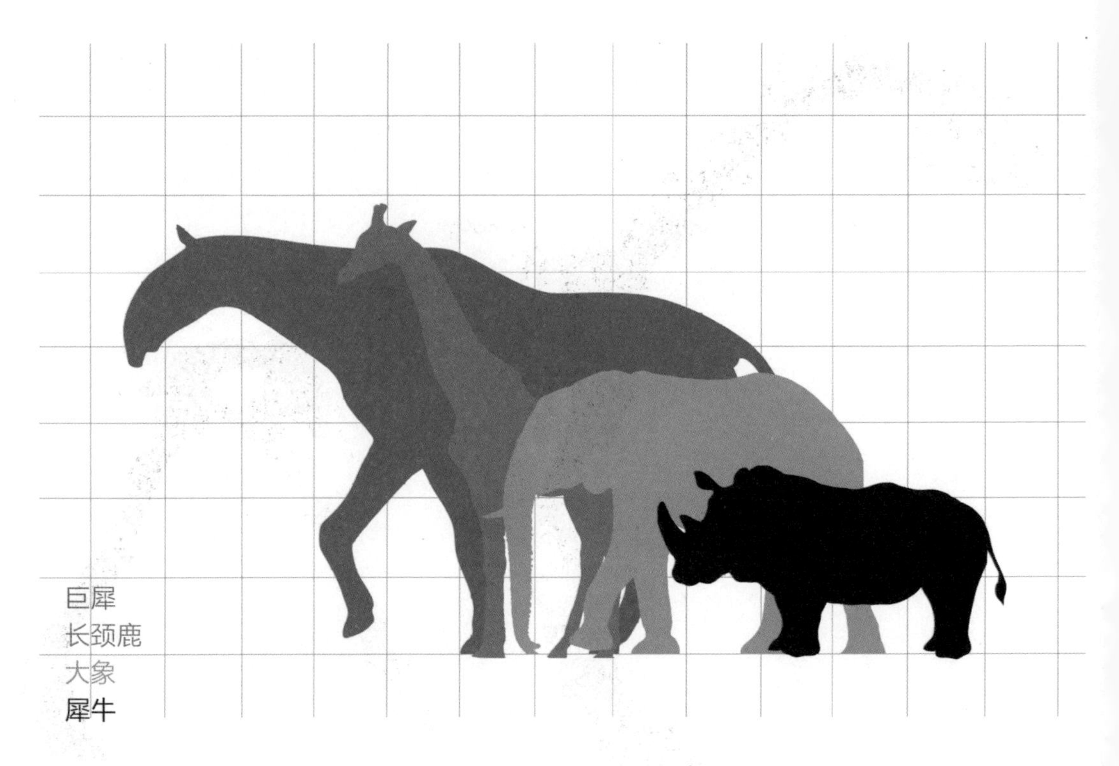


巨犀和其他大型陆生哺乳动物的体型对比

巨犀和现生的犀牛有着很近的亲缘关系，犀类是个极其庞大的家族，它们都属于奇蹄目犀超科。现生的犀牛有4属5种，除了生活在非洲的白犀是吃草的，其余的则生活在东南亚、南亚、南非等地，它们以吃鲜美多汁的树叶为主。这些在灌木丛里吃树叶为生的犀牛的生活方式和远古巨犀是非常类似的。但是犀牛属于犀牛科，巨犀属于巨犀科。它们在生活的年代，以及身体形态结构上都有着很大的区别。

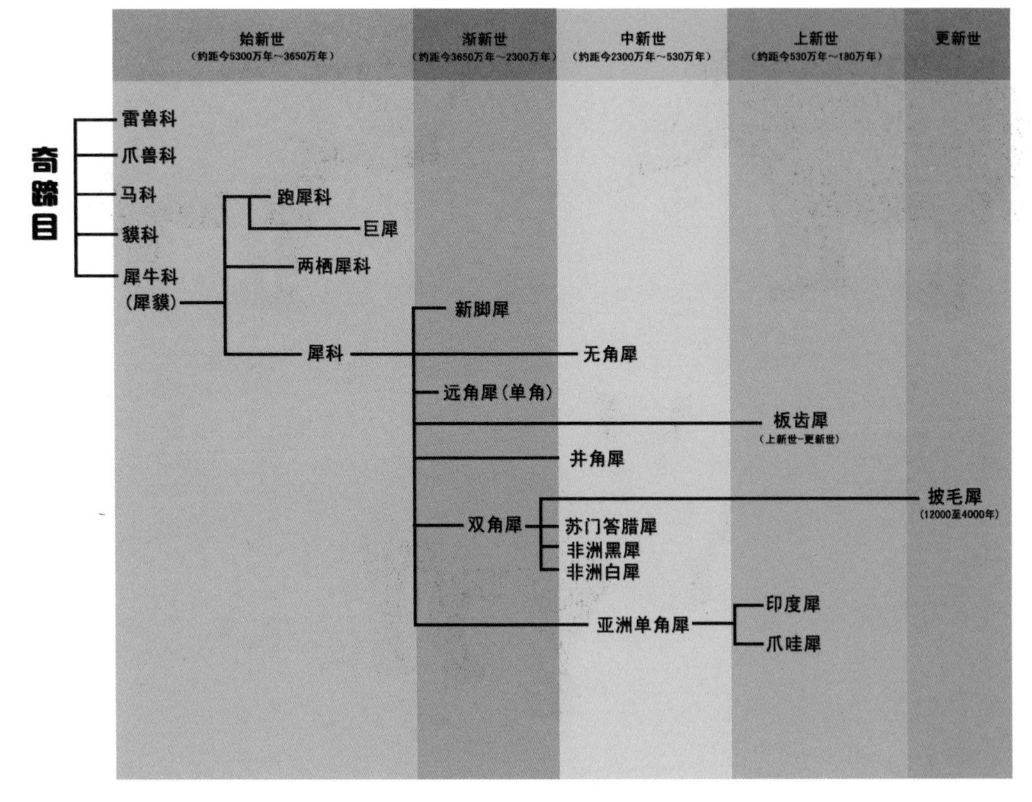


犀超科演化图

起初，科学家根据巨犀的门齿和掌骨形态把它归为跑犀类，但后来还是把巨犀族群单独出来，分出了巨犀科。巨犀科再分为：巨犀亚科和福氏犀亚科。亚洲可谓是巨犀的发源地，很多巨犀亚科的成员在中国都有发现，关于巨犀亚科成员的演化线路也是非常清晰的。

最早发现的肩高仅为2米的始巨犀类是比较原始的巨犀类；之后发现的额尔登巨犀类肩高为3—3.5米；最后发现的巨犀类肩

苏门答腊犀牛

黑犀牛

白犀牛

印度犀牛

爪哇犀牛

现生犀牛种类

高可达近5米（北京自然博物馆里陈列着美丽巨犀的头骨化石，它们肩高可达4.5米）。我们可以发现，它们的身型演化得越来越高大。除此之外，科学家还发现，它们的前肢变长，甚至长过后肢，脖子向斜上方增长，吻部细长，门齿缩小，鼻骨变短，其上唇和吻部愈合成类似貘一样的长鼻。它们取食过程是这样的：用前肢支撑身体，依靠长脖子够取树枝顶端的嫩叶，用鼻子卷住树叶取食。

在距今2300万年的始新世，巨犀类动物在地球上全部灭绝了。关于它们的灭绝，其中有一种说法是这样的：在始新世时期，亚洲的气候变得越来越干燥，森林大面积消失，随之草原增多，很多地方也逐渐沙漠化。气候的大幅度改变，最终导致了巨犀的灭绝。